AF313785

MÉMOIRE

SUR

L'INFLORESCENCE ET LES FLEURS

DES CRUCIFÈRES

PAR

D. A. GODRON

Docteur en Médecine et Docteur ès-Sciences,
Doyen de la Faculté des Sciences de Nancy, Directeur du Jardin des Plantes,
Officier de la Légion d'Honneur,
Correspondant du Ministère de l'Instruction publique,
Ancien Directeur de l'École de Médecine de Nancy,
Ancien Recteur à Montpellier et à Besançon

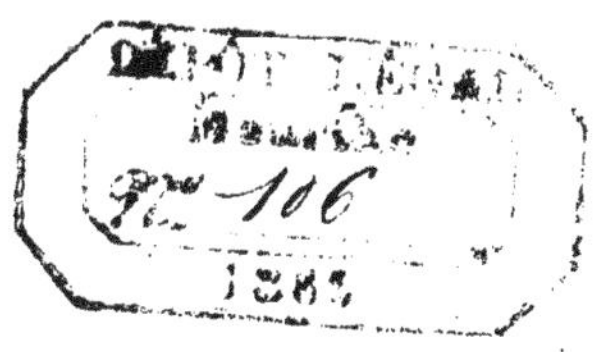

NANCY

Vᵉ RAYBOIS, IMPRIMEUR DE L'ACADÉMIE DE STANISLAS

Rue du faubourg Stanislas, 5

1865

MÉMOIRE

SUR

L'INFLORESCENCE ET LES FLEURS

DES

CRUCIFÈRES

On a beaucoup écrit sur les Crucifères ; mais quelques-unes des questions, qui se rattachent à leur organisation florale si exceptionnelle, sont restées indécises et servent encore aujourd'hui d'aliments à la controverse des botanistes. Nous nous proposons de discuter ici, quelques-unes de ces questions, en nous appuyant à la fois sur l'analogie et sur l'observation.

Les végétaux, dont le mode d'inflorescence est la grappe, présentent habituellement à la base de chaque pédoncule une bractée plus ou moins développée, mais généralement rudimentaire, quoique assez constante. Il est dès lors surprenant que ces organes appendiculaires, qui devraient figurer dans le plan primitif de l'inflorescence des Crucifères, fassent généralement défaut. Cette absence des bractées serait-elle le résultat d'une disposition spéciale d'organisation de la grappe de ces végétaux ? Les pédoncules s'échapperaient-ils par dédoublement de l'axe de l'inflorescence ? ou bien les bractées seraient-elles frappées d'avortement ? C'est là un premier problème dont nous avons tout d'abord cherché la solution.

Nous ferons observer, en premier lieu, que dans les espèces de Crucifères habituellement dépourvues de bractées, il en existe quelquefois aux fleurs inférieures et nous avons constaté cette exception sur un certain nombre de ces végétaux. Nous nous contenterons d'en citer quelques exemples.

Chacun sait que le *Sisymbrium supinum L.* a toutes ses fleurs pourvues d'une feuille bractéale pinnatifide et qu'il en est de même du *Sisymbrium hirsutum Lagasc. non DC.* Mais on pourrait à la rigueur, dans ces deux cas, considérer les fleurs placées à l'aisselle d'une feuille, comme représentant les restes de rameaux florifères analogues à ceux qu'on observe ordinairement dans le *Sisymbrium polyceratium L.*, qui appartient à la même section que les précédentes. Il faut, dans cette supposition, accepter l'idée d'un avortement partiel et nous verrons plus loin que rien ne s'y oppose.

Mais de véritables bractées, et même quelquefois

très-développées , se montrent accidentellement sur
divers points de la grappe, dans des espèces qui ordinairement n'en présentent aucune trace. Nous possédons
un échantillon de *Brassica oleracea L.*, recueilli par
nous dans un jardin potager, qui offre à ses six fleurs
inférieures de grandes bractées oblongues, entières, dé-
colorées ; les onze fleurs suivantes en sont complétement
dépourvues ; puis des bractées d'abord petites, ensuite
grandes reparaissent au-dessus pour subir une nouvelle
interruption qui se reproduit encore au sommet de l'inflorescence.

Dans un échantillon d'*Erysimum cheiriflorum
Wallr.*, recueilli sur les côteaux des environs de Nancy,
quelques-unes des fleurs inférieures sont pourvues de
bractées analogues aux feuilles ; ces organes appendiculaires disparaissent au-dessus et dans une grande
partie de la grappe ; puis vers le sommet se montrent
d'abord de petites bractées auxquelles succèdent de
véritables feuilles sinuées-dentées et dépassant la fleur
qui naît à leur aisselle.

Presque toutes les fleurs de l'*Arabis Turrita L.*
naissent à l'aisselle de feuilles bractéales, de plus en
plus petites au fur et à mesure qu'elles s'élèvent dans
la grappe. Les inférieures sont libres ; les suivantes
sont brièvement soudées au pédoncule ; les fleurs
supérieures seules manquent de bractée ou n'en présentent que de rudimentaires et qui semblent insérées
au milieu du pédoncule.

Les grappes latérales de l'*Hesperis matronalis L.*
et de beaucoup d'autres Crucifères nous montrent aussi
accidentellement de petites bractées placées plus ou
moins haut sur le pédoncule.

Dans le *Bunias orientalis L.* on constate assez souvent sur les grappes secondaires que les 2 ou 3 fleurs
inférieures sont pourvues d'une bractée. Parfois elles
sont assez développées pour dépasser la fleur ; mais
elles sont brièvement soudées à la base du pédoncule
qu'elles débordent latéralement de telle façon que ce-
lui-ci sort évidemment de leur aiselle, ou bien elles sont
plus petites et la supérieure au moins est fixée plus ou
moins haut sur le pédoncule, toujours du côté externe,
c'est-à-dire au-dessus du point où naissent les bractées.
Cette dernière circonstance se reproduit exactement la
même dans tous les cas semblables.

D'autres faits nous paraissent plus significatifs.

Ainsi il est assez ordinaire que les 4 ou 5 fleurs inférieures des grappes de l'*Alyssum maritimum Lam.*
soient pourvues chacune d'une feuille bractéale qui est
habituellement libre. De ces bractées descendent trois
petites côtes, l'une correspondant à leur nervure médiane et les deux autres émanant des bords de leur
limbe, absolument comme cela a lieu pour les feuilles
caulinaires ; mais ce qui est plus surprenant c'est que
tous les pédoncules privés de bractée donnent également
ment naissance à ces trois mêmes côtes qui se prolon-

gent sur l'axe de l'inflorence et conservent ainsi les traces d'une bractée supprimée.

Dans le *Sinapis arvensis L.* j'ai vu à la base de la grappe jusqu'à cinq bractées décroissantes, et dont les plus petites étaient placées à une hauteur plus ou moins grande sur le pédoncule. De ces bractées supra-axillaires naissent aussi trois côtes qui se prolongent sur le pédoncule et ensuite sur l'axe de l'inflorescence, comme on le voit relativement à la tige sur toutes les feuilles caulinaires. Ces bractées plus ou moins rudimentaires, sont donc soudées au pédoncule dans une étendue plus ou moins grande. Elles disparaissent, il est vrai, sur les autres pédoncules qui, bien qu'aphylles donnent naissance aux trois mêmes côtes descendantes.

La moitié des fleurs de l'*Erysimum ochroleucum DC.* est quelquefois pourvue de bractées placées, les inférieures à l'origine du pédoncule, et les autres plus haut; il en sort une côte saillante, prolongement descendant de la nervure médiane, mais qui n'existe pas au-dessus de la bractée quelle que soit sa position en hauteur à la face externe du pédoncule. Cette côte sort encore de la base de ce dernier organe, lorsqu'il est aphylle, absolument comme si la bractée existait. Chacune des feuilles caulinaires la produit de même, ce qui rend la tige anguleuse.

L'*Iberis sempervirens L.* offre aussi assez fréquemment des faits analogues au précédent et plus démonstratifs encore, s'il est possible. Les feuilles dans cette espèce sont très-étroitement décurrentes sur la tige en deux lignes scarieuses et très-finement crénelées. Lorsqu'il existe, ce qui n'est pas très-rare, à chacune des 2 ou 3 fleurs inférieures, une bractée insérée sur le pédoncule, mais à une hauteur variable, cette bractée est, par ses bords, décurrente sur le pédoncule et sur l'axe de l'inflorescence en une double ligne semblable à celles qui descendent de chaque feuille caulinaire. Enfin lorsque la grappe s'est allongée après l'anthèse, que les fleurs se sont un peu écartées les unes des autres, on voit distinctement descendre de la base de chaque pédoncule aphylle les deux mêmes lignes latérales qui partent des bractées et des feuilles.

La soudure évidente de la partie inférieure et médiane de la face interne de la bractée avec la base du pédoncule, constatée dans quelques-uns des faits précédents, nous conduit à admettre qu'il en est de même lorsque la bractée, au lieu d'être sous le pédoncule naissant à son aisselle, se trouve placée à une hauteur plus ou moins grande sur le pédoncule lui-même ; que cette disposition résulte d'une soudure plus complète, ce que témoignent d'une part les lignes décurrentes indiquées, et de l'autre la position de cette bractée toujours fixée, exactement au-dessus du point d'élection de la bractée relativement à tout pédoncule axillaire. Nous ajouterons enfin, comme nous l'avons déjà fait observer, que les

bractées lorsqu'elles semblent manquer complétement,
laissent souvent encore des traces de leur existence
par les décurrences qui naissent de la base du pédoncule nu.

Les bractées figurent donc dans le plan primitif de
l'inflorescence des Crucifères.

Guidés par des idées théoriques, plutôt que par des
observations positives, plusieurs auteurs étaient arrivés
depuis longtemps à la conclusion que nous venons de
formuler. De Candolle qui a démontré ou pressenti
tant de vérités organographiques, s'exprime ainsi à ce
sujet : « Mais ce que les grappes des Crucifères pré-
» sentent de plus remarquable c'est que dans presque
» toutes on n'aperçoit pas le moindre vestige des brac-
» tées ou feuilles florales qui, d'après les lois de l'ana-
» logie et de la plus sévère théorie devraient exister
» au-dessous de chaque pédicelle » (1). Turpin (2) et
Krause (3) admettent aussi une opinion analogue, mais
sans la démontrer par des faits.

---

(1) De Candolle, *Mémoire sur la famille des Crucifères*. Paris,
1821, in-4°, p. 14 et *Mémoires du Muséum d'histoire naturelle*,
t. 7, p. 193.

(2) Turpin, *Mémoire sur l'inflorescence des Graminées et des
Cypérées, comparée avec celle des autres végétaux sexifères*. Paris,
1819, in-4°, p. 5 et *Mémoires du Muséum d'histoire naturelle*,
t. 5, p. 430.

(3) Krause, *Einige Bemerke über den Blumenbau der Fumariaceæ und Cruciferæ*, in *Botanische Zeitung*, t. 4. (1846) p. 142.

Quelle est la cause de cet avortement et pourquoi certaines espèces ou certaines fleurs y échappent-elles?

De Candolle émet, à cet égard, une opinion qu'il déclare lui-même hypothétique. « Ces bractées, dit-il, » n'existent que dans quelques espèces des genres » *Sisymbrium* et *Farsetia* et ne paraissent liées » avec aucune autre circonstance d'organisation. Dans » toutes les autres Crucifères on peut les regarder » comme ayant disparu avant le développement visible » de la plante par suite d'un avortement prédisposé; » mais cette hypothèse pèche cependant ici sous un » point de vue, c'est que lorsque les bractées existent » elles sont grandes et foliacées; lorsqu'elles manquent, » elles manquent complétement et sans qu'il soit possible » d'en trouver le moindre rudiment » (1).

Turpin admet aussi l'avortement des bractées et en recherche la cause. « Si l'inflorescence de ces plantes, » dit-il, nous offre des fleurs entièrement dépourvues » de feuilles rudimentaires, je dis presque entièrement, » car dans un grand nombre de Crucifères, les deux » ou trois premières qui se développent en sont toujours » accompagnées; ne peut-on pas en trouver la » cause dans ce rassemblement d'un grand nombre de » fleurs ramassées, pressées sur le même point, et qui,

______

(1) De Candolle, *Mémoire sur la famille des Crucifères.* Paris, 1821, in-4°, p. 14 et 15.

» à raison de leur prééminence sur les feuilles, affa-
» ment celles-ci et les font avorter en attirant à elles
» seules toute la séve? Si l'on pousse l'observation plus
» loin, il sera facile de se convaincre, que si les feuilles
» rudimentaires disparaissent entièrement à la base du
» plus grand nombre des fleurs de cette famille, ces
» fleurs n'en suivent pas moins le mode d'insertion
» commun aux fleurs des autres végétaux ; qu'elles
» sont solitaires, axillaires et terminales et toujours
» assises, chacune sur une sorte de bride ou de nœud-
» vital, dont j'aurai bientôt occasion de parler » (1).

Ce passage de Turpin est extrêmement remarquable,
surtout si l'on se reporte à l'époque où il a été écrit ;
cet ingénieux botaniste a assez clairement entrevu la
vérité. Sans doute nous n'avons pas observé matérielle-
ment cette bride à la base du pédoncule aphylle des
Crucifères ; mais ce que que nous avons dit des côtes
et des lignes décurrentes qui en descendent dans toutes
les espèces de cette famille qui ont la tige et l'axe de
l'inflorescence anguleux, nous semble démontrer évi-

---

(1) Turpin, *Mémoire sur l'inflorescence des Graminées et des Cypérées, comparée à celle des autres végétaux sexifères.* Paris, 1819,
in-4°, p. 5 et *Mémoires du Muséum,* t. 5, p. 430. Steinheil a également admis l'avortement des bractées, et pense qu'il existe aussi
primitivement dans cette famille des bractéoles qui avortent constamment (*Annales des sciences naturelles,* 2ᵉ série, t. 12 (1839)
p. 337).

demment que la bractée ne disparaît pas toute entière.

D'une autre part, si l'on examine le mode de développement successif des feuilles et des fleurs dans les Crucifères, on constate que la tige qui commence son évolution est chargée de feuilles contiguës, et qu'à l'extrémité supérieure de l'axe caulinaire se produisent les rudiments des fleurs, qui forment alors non pas une grappe, mais un corymbe simple, concave et serré, étroitement entouré et dépassé par un grand nombre de feuilles dressées et serrées les unes contre les autres et qui, par leur élasticité, résistent plus ou moins à l'expansion des fleurs. Celles-ci se développent, en effet, successivement sur une sorte de plateau terminal étroit, où les fleurs les plus jeunes, placées au centre poussent les plus anciennes de dedans en dehors contre les feuilles enveloppantes. On comprend dès lors très-bien que les bractées, par défaut d'espace pour opérer leur évolution, disparaissent au milieu des fleurs par la compression, cet agent si puissant d'avortement dans les végétaux.

Ce qui vient confirmer encore cette explication, ce sont les faits exceptionnels que nous avons signalés. Lorsque des bractées se montrent sur des espèces qui en sont ordinairement privées, c'est aux fleurs inférieures qu'elles apparaissent, c'est-à-dire à celles qui au moment de leur naissance sont encore peu nombreuses et se trouvent placées à l'extérieur du corymbe; elles sont par ce fait moins comprimées que les autres et d'autant moins qu'elles sont plus extérieures, circonstance qui influe sur leur développement relatif. Si dans quelques *Sisymbrium* toutes les fleurs conservent leur bractée, c'est que, pendant leur développement successif, l'axe s'accroît en longueur, ce qui sépare plus tôt les fleurs les unes des autres presque au fur et à mesure qu'elles se forment, de telle sorte qu'elles ne sont jamais bien nombreuses à la fois au sommet de l'inflorescence et les bractées subissent ainsi une compression évidemment moindre. Enfin lorsque ces organes appendiculaires se produisent sur la grappe après une interruption, comme nous en avons cité deux exemples, il est vraisemblable qu'il y a eu dans l'allongement de l'axe de l'inflorescence un excès de développement momentané; mais nous n'avons pu le constater par l'observation directe. Ces faits sont trop rares pour qu'on puisse les prévoir et les observer en temps opportun.

La soudure évidente de la partie inférieure et médiane de la face interne de la bractée avec la base du pédoncule, constatée dans quelques-uns des faits que nous avons cités, nous conduit par analogie à admettre qu'il en est de même lorsque la bractée, au lieu d'être insérée sous le pédoncule, semble naitre à une hauteur plus ou moins grande sur le pédoncule lui-même et que cette disposition résulte d'une soudure plus complète, ce que témoignent la position toujours antérieure de cette bractée et les lignes décurrentes indiquées.

Nous ajouterons enfin une considération qui nous semble avoir aussi son importance c'est que, dans les Crucifères que j'ai examinées sous ce rapport, la disposition de la spire des feuilles caulinaires et la valeur du cycle (ordinairement $\frac{2}{5}$ ou $\frac{3}{8}$) sont, pour chaque espèce, les mêmes que dans la spire de l'inflorescence qui en est la continuation, soit qu'on considère l'inflorescence comme oppositifoliée, ainsi que le pense De Candolle (1), soit qu'on admette qu'elle est directe.

Il y a donc habituellement dans les Crucifères, avortement des bractées et nous pouvons conclure de tous les faits précédents que ces organes appendiculaires ont leur place dans le plan primitif de l'inflorescence des plantes de cette famille.

Les fleurs des Crucifères ne sont pas symétriques relativement à une ligne représentée par l'axe floral, comme dans la plupart des fleurs régulières. Par une exception assez rare, dont nous ne connaissons pas d'autres exemples que les *Dielytra* et autres Fumariées à fleurs régulières, observées avant la torsion du pédoncule, elles sont symétriques relativement à deux plans, l'un qui passe à la fois par l'axe de la fleur et

---

(1) De Candolle, *Mémoire sur la famille des Crucifères*, Paris, 1821, in-4° p. 7.

par l'axe de l'inflorescence, l'autre qui passant également par l'axe floral est perpendiculaire au plan précédent. D'une autre part, la différence fréquente de forme que présentent deux des sépales avec leurs congénères, ne permet pas de considérer les fleurs des Crucifères, comme étant rigoureusement régulières ; dans quelques genres même, dans les *Iberis*, par exemple, elles sont franchement irrégulières. Nous rechercherons plus loin à quoi tient cette quasi-irrégularité dans certains cas et cette irrégularité plus prononcée dans d'autres.

Mais il est un autre genre de symétrie, c'est celle qui tient aux rapports de position des parties constituantes des divers verticilles floraux et qui est basée sur la loi d'alternance. L'étude de cette autre symétrie florale a beaucoup occupé les botanistes et la fleur des Crucifères a surtout exercé leur sagacité. La difficulté d'expliquer la présence des étamines courtes a enfanté de nombreux travaux et des théories très-différentes.

De Candolle, le premier, s'est occupé de cette question. Il suppose que l'état primitif pourrait être une fleur munie de 4 sépales, 4 pétales, 4 étamines; mais que les fleurs naissant 3 à 3 et se soudant, il y a avortement des deux fleurs latérales sauf une étamine. Il se fonde sur une observation faite par Auguste Saint-Hilaire qui a trouvé des individus de *Cardamine hirsuta L.* dans lesquels les étamines latérales étaient changées en fleurs complètes à 4 pétales et à 4 étamines (1). Mais nous ferons observer tout d'abord qu'on ne trouve habituellement que 4 étamines dans les fleurs de cette espèce et que le développement d'une fleur à l'aisselle de chacun des sépales latéraux n'a rien changé sous ce rapport ni dans la fleur-mère, ni dans les fleurs latérales qui en naissent. J'ai observé, en 1848, une anomalie semblable sur un grand nombre de fleurs d'un pied très-rameux de *Raphanus sativus L.*, qu'on m'avait apporté pour les démonstrations du cours (2). Je l'ai décrite le jour même sur le frais et j'en conserve un échantillon en herbier. Ces fleurs accessoires sont placées relativement à chaque sépale latéral, comme la fleur-mère le serait par rapport à la bractée si elle existait. Le sépale antérieur de la fleur secondaire est opposé au sépale latéral de la fleur principale avec lequel alternent les sépales bossus de la fleur accessoire. Mais la fleur-mère n'en a pas moins ses deux étamines courtes placées exactement en dedans des fleurs incluses et opposées à leur sépale postérieur ; ces fleurs incluses sont pourvues également de deux étamines courtes et

---

(1) De Candolle, *Théorie élémentaire de la botanique*, 2ᵉ éd. 1819, p. 144.

(2) Cette circonstance m'a empêché de suivre le développement des fruits ; je n'ai pu depuis, malgré mes recherches, retrouver cette anomalie.

n'offrent du reste rien qui les distingue des autres fleurs de la même espèce, si ce n'est leur point d'origine et leur direction inverse. Les étamines courtes dans les Crucifères ont donc une existence indépendante de celle des fleurs accessoires qui naissent parfois à l'aisselle des sépales latéraux d'une fleur-mère. Je ferai en outre observer que sur les nombreuses fleurs monstrueuses, que j'ai étudiées, sur ce *Raphanus sativus L.* je n'ai trouvé aucune fleur secondaire à l'aisselle des sépales antérieur ou postérieur (*Fig. 13*).

Depuis que De Candolle a émis l'opinion que nous infirmons, mais que semblait, de prime abord, justifier le fait sur lequel il l'appuyait, plusieurs théories ont été produites pour expliquer l'organisation si exceptionnelle de la fleur des Crucifères.

L'une a pour auteur Steinheil (1), qui voit dans la disposition des parties florales une combinaison binaire qui suppose deux dédoublements, celui des pétales et celui des étamines longues. Personne ne la soutient plus aujourd'hui et nous ne nous y arrêterons pas.

La disposition des organes de la fleur suivant le type quaternaire est généralement acceptée ; mais elle est

---

(1) Steinheil, *Considérations sur l'usage que l'on peut faire des rapports de position qui existent entre la bractée et les parties de chaque verticille floral dans la détermination du plan normal sur lequel les différentes fleurs sont construites*, dans les *Annales des Sciences naturelles*, 2° série, t. 12 (1839) p. 337.

diversement expliquée. Les uns n'admettent qu'un seul verticille d'étamines, par suite du dédoublement des étamines longues dont chaque groupe n'en représente plus qu'une seule dans la symétrie florale ; les autres pensent qu'il existe deux verticilles à l'androcée, mais avec avortement des deux étamines antérieure et postérieure du verticille externe.

La théorie, qui reconnait un seul verticille quaternaire à l'androcée, a été soutenue avec beaucoup de talent par Seringe (1) Auguste Saint-Hilaire, Moquin-Tandon et Webb (2). Elle a été établie principalement sur ce fait (nous le discuterons plus loin) que les étamines longues sont conjuguées et qu'elles occupent la place d'une seule étamine dédoublée ; que ce dédoublement est quelquefois imparfait, l'étamine étant restée simple par la base ou par l'étendue entière de son filet ; enfin que dans les *Lepidium ruderale L.* et *virginicum L.* chaque groupe d'étamines longues est constamment remplacé par une étamine unique pourvue d'une seule

---

(1) Seringe, *Quelques considérations sur l'état ordinaire de l'androcée dans la famille des Crucifères*, dans le *Bulletin botanique de Genève*, 1830 p. 112.

(2) Aug. S.-Hilaire et Moquin-Tandon, *Mémoire sur la symétrie des Capparidées et des familles qui ont le plus de rapports avec elle*, dans les *Annales des Sciences naturelles*, 1re série t. 20 (1830) p. 318 ; Moquin-Tandon et Webb, *Considérations sur la fleur des Crucifères*, dans les *Mémoires de l'Académie* de Toulouse, t. 5 (1849) p. 364.

anthère biloculaire ; qu'on trouve accidentellement des faits analogues sur diverses espèces de Crucifères, de telle sorte que la fleur ne présente alors qu'un seul verticille de 4 étamines.

Beaucoup d'objections ont été produites contre cette théorie. On lui a opposé les considérations suivantes : en l'acceptant il faut admettre que les étamines courtes sont opposées aux feuilles carpellaires, ce qui est contraire à la loi d'alternance ; si les étamines longues forment quelquefois et habituellement dans quelques espèces (1), un seul corps par la base ou par toute l'étendue de leurs filets et portent deux anthères biloculaires, cela ne prouve pas plus un dédoublement qu'une soudure ; en admettant l'hypothèse du dédoublement, les étamines longues devraient avoir chacune une anthère uniloculaire comme cela se voit dans les Fumariées ; les quatre étamines longues sont dans plusieurs espèces, même au moment de la floraison, également espacées entre elles, plus ou moins opposées aux pétales et manifestement placées sur un verticille plus intérieur que les étamines courtes ; dans les *Lepi-*

---

(1) On a observé des faits de ce genre dans les *Cheiranthus Cheiri L.*, *Vella Pseudocytisus L.*, *Sterigma tomentosum D. C.*, *Anchonium Billardieri D. C.*, *Clypeola cyclodontea Delile*, plusieurs *Æthionema*, etc. Nous l'avons vu en outre dans le *Vesicaria sinuata Poir.* et l'*Arabis alpina L.*

dium cités plus haut, les deux seules étamines qui existent au lieu de représenter les deux groupes d'étamines longues, peuvent tout aussi bien être la réapparition de deux étamines habituellement avortées dans les Crucifères, et qui appartiendraient au même verticille que les étamines courtes, et nous ne doutons pas qu'il en soit ainsi. A l'appui de notre opinion à cet égard, nous pouvons apporter une preuve directe. Dans les *Crambe* il existe une glande verte très-saillante opposée à chacun des groupes d'étamines longues, placée plus en dehors et indépendante d'elle. Or, dans cinq fleurs de *Crambe maritima L.* que j'ai récemment observées, la disposition des étamines courtes et celle des étamines longues antérieures est normale ; il n'en est pas de même de la partie postérieure de l'androcée ; là il n'existe qu'une seule étamine qui certainement ne remplace pas les étamines géminées qui manquent, car au lieu d'être insérée en dedans de la glande, elle est fixée sur la glande elle-même qui en est plus ou moins déprimée, absolument comme cela a lieu pour les étamines courtes. Sur une sixième fleur, c'est à la partie antérieure de l'androcée que se trouve cette étamine solitaire, absolument dans les mêmes conditions que dans le fait précédent. Enfin dans une septième et une huitième fleurs il y a à la fois antérieurement et postérieurement une seule étamine insérée sur la glande de telle sorte que la fleur ne présente plus que quatre étamines formant un seul verticille et les étamines longues ont disparu.

Les observations organogéniques de Krause (1), de M. Duchartre (2) et de M. Chatin (3) qui a savamment discuté cette question, s'opposent, en outre, à ce qu'on admette la théorie du dédoublement des étamines longues; car, ces savants auteurs se sont assurés que, dans les fleurs très-jeunes des Crucifères, chaque groupe d'étamines géminées naît du réceptacle par deux mamelons distincts, écartés l'un de l'autre et parfaitement opposés aux pétales. Mais ces étamines longues se rapprochent ensuite, se soudent quelquefois et nous rechercherons plus loin s'il n'est pas possible d'indiquer la cause à laquelle on doit attribuer cette déviation de la position primitive de ces organes, leur rapprochement deux à deux et quelquefois leur soudure.

Il y a donc dans le plan primitif de la fleur des Crucifères plus de quatre étamines.

La seconde théorie, celle de l'avortement de deux étamines courtes, admise par Lestiboudois (4), Kunth

---

(1) Krause, *Einige Bemerke über den Blumenbau der Fumariaceæ und Cruciferæ*, in *Botanische Zeitung*, t. 4 (1846), p. 142.

(2) Duchartre, *Revue botanique*, t. 2 (1846), p. 207.

(3) Chatin, *Sur l'androcée des Crucifères*, dans le *Bulletin de la Société botanique de France* t. 8 (1861), p. 372 et 373.

(4) Lestibaudois, *Observations phytologiques*, Lille, 1826, in-8°.

(1), J. Gay (2), K. Schimper de Munich (3), Lindley
(4), Chatin (5), etc., peut se formuler ainsi qu'il suit :
4 sépales, 4 pétales, 4 étamines externes, 4 étamines
internes et, pour Lindley et Kunth, 4 feuilles carpellaires, tous ces verticilles alternant exactement les uns
avec les autres. C'est là pour ces savants le plan
originaire de la fleur des Crucifères, qui se reproduit
accidèntellement en totalité ou en partie dans certaines
fleurs et assez habituellement dans celles du *Tetrapoma barbareœfolia Turcz.*; mais presque toujours ce
plan primitif de la fleur reste incomplet dans les Crucifères, comme il l'est dans bien d'autres familles. *Omni
familiœ plantarum*, dit avec beaucoup de raison
Rœper (6), *subest typus quidam nunc completus,
nunc incompletus.*

Cette théorie de la symétrie des organes floraux dans

---

(1) Kunth, *Ueber die Blüthen und Fruchtbildung der Cruciferen*, Berlin, 1833, in-4°.

(2) J. Gay, *Fumariœ officinalis adumbratio*, dans les *Annales
des Sciences naturelles*, 2e série, t. 18 (1842) p. 218.

(3) Karl Schimper, *Ueber den Bau des Cruciferen-Blüthe*, dans
les *Mémoires du congrès scientifique de France*, 10e session,
Strasbourg, 1843, t. 2, p. 62 et suivantes.

(4) Lindley, *Vegetable Kingdom*, London, 1846, in-8°, p. 351.

(5) Chatin, *Sur l'Androcée des Crucifères*, dans le *Bulletin de
la Société botanique de France*, t. 8 (1861) p. 473 et suivantes.

(6) Rœper, *De floribus et affinitatibus Balsaminearum*, Basileæ,
1830, in-8°, p. 24.

les Crucifères, fondée à la fois sur des exemples de retours au type originel et sur des observations d'organogénie florale, nous paraît expliquer d'une manière très-rationnelle la construction ordinaire de ces fleurs et rendre compte de tous les faits exceptionnels.

Mais on peut se demander quelle est la cause qui a fait dévier de son plan primitif la fleur des Crucifères ? ne serait-elle pas la même qui fait avorter les bractées? c'est ce qu'il nous reste à examiner.

Nous ferons d'abord observer que les pédoncules sont généralement déprimés, surtout à leur face interne et cela d'autant plus que la grappe est plus dense et s'allonge moins. On peut à cet égard citer comme exemple d'aplatissement extrême les pédoncules du genre *Iberis*.

Les boutons floraux sont aussi plus ou moins déprimés dans le même sens que les pédoncules; mais il faut ajouter que vus de haut en bas ou, mieux encore, considérés sur leur coupe horizontale, ils présentent assez habituellement la forme d'une sorte de losange plus ou moins prononcé dont le petit diamètre est antéro-postérieur. Or, c'est là précisément la forme que doivent tendre à prendre des boutons floraux, qui alternent entre eux dans l'ordre de la spire et qui sont comprimés les uns contre les autres dans la direction déjà indiquée. Cette compression doit être, comme nous l'avons vu, d'autant plus marquée qu'il se développe un plus

grand nombre de fleurs au sommet de l'axe de l'inflorescence et que cet axe s'allonge plus lentement.
Il nous a paru, après de nombreuses observations, que
l'aplatissement plus ou moins sensible du bouton floral était en rapport avec ces circonstances. Dans le
Tetrapoma barbareœfolium Turcz., ce bouton est à
peu près ovoïde, du moins au moment où l'anthèse est
proche; mais les fleurs, même à leur origine, ne sont
jamais simultanément nombreuses au sommet et les
pédoncules, ainsi que la grappe, s'allongent assez rapi-
dement.

Le calice nous offre souvent dans ses sépales une
dissemblance assez saillante. Les sépales latéraux ou
valvaires sont souvent bossus et semblent même quelquefois être insérés un peu plus bas que les sépales
placentairiens (*Syrenia, Lunaria, Cheiranthus, Raphanus, Biscutella auriculata,* etc.). Mais cela tient
au développement et à la direction des glandes des étamines courtes et à l'abscence ou à la petitesse des
glandes placées en dehors des étamines longues. Le
calice est au contraire égal à la base lorsque les quatre
glandes de l'androcée sont à peu près également développées, comme on l'observe dans les *Crambe, Allia-
ria, Diplotaxis,* etc. Si les sépales placentairiens semblent, lorsque le bouton floral est manifestement déprimé, insérés un peu plus haut que les valvaires, ce qui
est rendu plus apparent encore par les bosses dont est

souvent pourvue la base des sépales latéraux, cela s'explique encore très-bien dans l'hypothèse d'une compression dans le sens antéro-postérieur ; car en pressant mécaniquement dans cette direction un pédoncule supposé cylindrique et renflé sous la fleur, c'est le résultat qu'on obtiendrait relativement à la position des sépales.

J'ajouterai que les sépales antérieur et postérieur sont souvent un peu moins larges que les sépales latéraux, comme cela est assez saillant dans le *Syrenia sessiliflora C.A. Mey*. On croirait qu'ils ont été gênés dans leur développement.

Dans la théorie d'une androcée à double verticille, les deux étamines du verticille externe opposées aux sépales placentairiens avortent généralement et cela par la même cause qui, suivant le dégré d'action avec lequel elle s'exerce, entraine aussi fréquemment l'avortement complet de la glande sur laquelle chacune de ces étamines s'insère, ou la laisse subsister comme dans les Crambe, ou la rapetisse plus ou moins.

Lorsque, par un développement moins rapide des fleurs à l'extrêmité de l'axe de l'inflorescence, ces deux étamines habituellement supprimées reparaissent, c'est aux fleurs inférieures que nous les avons spécialement rencontrées et lorsqu'il ne s'en développe qu'une c'est presque toujours l'antérieure. La réapparition de ces deux étamines qui porte le nombre des parties de l'androcée à 8, disposées sur deux rangs, dont on a cité beaucoup d'exemples, peut aussi entrainer la suppression des étamines longues, comme nous l'avons observé dans le *Crambe maritima L.*, le *Vesicaria sinuata Poir.* etc., et comme cela a lieu habituellement dans les *Lepidium ruderale L.*, *Virginicum L.* et *Menziesii DC.* Mais dans ces derniers végétaux le bouton floral est très-comprimé et même presque aplati ; par suite de l'alternance des fleurs serrées les unes contre les autres, chaque bouton floral encore jeune se trouve pressé sur chacune de ses deux faces antérieure et postérieure par deux fleurs voisines de même forme, et la partie la moins pressée doit être la ligne médiane à laquelle correspondent les deux seules étamines qui existent dans ces plantes. Lorsque les fleurs très-jeunes sont extérieures dans l'ordre de la spire, elles sont chacune également pressée en dedans par deux boutons floraux et en dehors par deux feuilles ; car ces organes appendiculaires sont disposés, comme nous l'avons vu, en une spirale qui se prolonge régulièrement sans changer son angle de divergence, dans la spire de l'inflorescence. La compression qui modifie ainsi le bouton floral doit s'exercer de bonne heure et être assez prononcée pour déterminer l'avortement des pétales et en même temps des étamines longues qui alors leur sont encore opposées. Dans les *Lepidium*, dont nous venons de parler, les étamines courtes disparaissent aussi et il est facile d'en rendre raison. Dans ces espèces l'ovaire se développe de très-bonne heure dans le sens transversal et s'oppose ainsi au développement de ces étamines, nouvel exemple d'un organe qui disparaît sous l'influence du développement exagéré d'un autre qui le suit dans l'ordre naturel de l'évolution successive des différents organes floraux.

-Le *Senebiera pinnatifida DC.* a rarement des grappes à fleurs tétradynames ; plus fréquemment les étamines sont au nombre de 4. Mais j'ai vu souvent aussi des grappes dont les fleurs ne présentaient que 2 étamines ; celles-ci sont les étamines habituellement supprimées dans les Crucifères, l'une antérieure et l'autre postérieure ; elles ont chacune à leur base deux dents subulées et leur présence exclusive correspond quelquefois à l'avortement des pétales. Ces différentes modifications observées dans la fleur d'une seule et même espèce m'a paru dépendre du développement relatif, et plus ou moins rapide de l'axe primaire de la grappe, ainsi que de la quantité de fleurs dont il est chargé. Lorsqu'il n'existe que 2 étamines et pas de pétales, la grappe est généralement courte et dense. On sait, du reste, que les *Senebiera linoïdes DC.* et *Heleniana DC.* n'ont aussi que 2 étamines et je ferai remarquer que leurs grappes sont d'abord denses et leurs fleurs serrées les unes contre les autres.

Mais comment expliquer cette circonstance que dans

presque toutes les Crucifères, les étamines longues primitivement écartées l'une de l'autre, se rapprochent
tellement qu'elles deviennent conuguës, se moulent
même quelquefois l'une sur l'autre et se touchent alors
par un bord plan au lieu d'être arrondi, de telle façon
qu'on a eu l'idée de considérer chaque groupe comme
étant le résultat du dédoublement d'une étamine unique. Si l'on se rappelle ce que nous avons dit de la
forme du bouton floral, qui représente habituellement
un prisme à peu près à base de losange, on comprendra que cette forme est déterminée par la pression des
fleurs voisines qui agit obliquement sur les quatre faces
du prisme et refoule l'une vers l'autre les étamines
longues et les soude quelquefois par leurs filets. On
comprendra également pourquoi dans le *Clypeola cyclodontea Del.*, sur lequel Moquin-Tandon (1) s'est
appuyé pour admettre la théorie du dédoublement, les
étamines longues ont leurs filets ailés et munis d'une
dent à leur bord externe, tandis que ces supports de
l'anthère en sont dépourvus à leurs côtés contigus; du
reste dans plusieurs *Alyssum* les filets des étamines
longues sont pourvus sur leurs deux bords d'une aile
et d'une dent; dans la plupart des *Crambe*, ils portent

---

(1) Moquin-Tandon, *Sur la symétrie des étamines du Clypeola
cyclodontea* dans le *Bulletin de la Société d'Agriculture de l'Hé-
rault*, 1831.

une longue dent sur les bords qui se regardent et s'il
en existe une au bord opposé elle est très-petite. Or,
il n'en serait vraisemblablement pas ainsi dans l'hypothèse du dédoublement des étamines longues.

Enfin les pétales eux-mêmes obéissent quelquefois,
mais dans une faible mesure, au mouvement de transla-
tion qui rapproche les étamines longues deux à deux,
comme on peut le constater dans les *Arabis alpina L.* et
albida Stev., dont les pétales se rapprochent aussi un
peu par paires, dans le même sens que les étamines
longues.

Cette pression, par laquelle nous cherchons à expliquer tous les faits précédents, s'exerce principalement de dedans en dehors, par suite du développement
successif des fleurs au sommet de l'axe de l'inflorescence ; elle est le résultat de l'expansion centrifuge qui
en résulte. Lorsque cette pression devient plus grande
par l'effet de l'accumulation des fleurs et de la brièveté
de l'axe de l'inflorescence, comme dans les *Iberis* par
exemple, la fleur devient véritablement irrégulière. Le
sépale le plus grand est le sépale antérieur et le plus
petit le sépale postérieur ; les deux pétales externes ou
antérieurs se développent beaucoup plus que leurs congénères. La pression exerce donc ici son action d'une
manière plus directe sur le côté interne de la fleur,
ce qui est facile à comprendre en considérant que le
corymbe terminal de l'inflorescence est concave, ce qui

soustrait en partie le côté externe de la fleur à cette influence , tandis qu'elle agit plus spécialement sur le côté interne de l'appareil floral.

Il nous reste à parler du fruit. La plupart des auteurs considèrent cet organe comme formé de deux feuilles carpellaires, ce que semblent indiquer, du reste, le nombre des loges et celui des stigmates lorsque ces derniers organes ne sont pas confondus par une soudure complète. Mais est-ce bien là la construction originelle du fruit des Crucifères? Kunth(1) et Lindley (2) ne le pensent pas et admettent ici le type quaternaire que reproduisent très-souvent les fruits du *Tetrapoma* et qui nous est indiqué encore par quelques anomalies accidentelles. C'est ainsi que plusieurs auteurs ont observé d'autres fruits de Crucifères, normalement bicarpellaires, à 3 et même à 4 carpelles soudés. Bernhardi (3) a constaté ces faits exceptionnels sur un certain nombre de fruits de *Lunaria rediviva L.*, de *Ricotia ægyptiaca L.* et d'*Octadenia lybica R. Brown;* K. Presl (4) les a vu dans le *Cheiranthus Cheiri L.*; Schkuhr (5) sur le *Draba verna L.*

---

(1) Kunth, l. c.

(2) Lindley, l. c.

(3) Bernhardi, *Ueber den Blüthen-und Fruchtbau der Cruciferen,* dans le *Flora oder Botanische Zeitung,* 1838 ,p. 129.

(4) Karl Presl, dans Bernhardi, l. c.

(5) Schkuhr, *Botanisches Handbuch,* Leipsig, 1808, in-8°, tab. 179.

La connaissance de ces faits m'a conduit à rechercher avec soin ces fruits à feuilles carpellaires supplémentaires; en examinant une à une les siliques et les silicules des plantes de cette famille, j'ai fini par en rencontrer des exemples.

C'est en procédant ainsi que j'ai pu, sur une centaine de grappes de *Cheiranthns Cheiri L.* observés dans différents jardins (1), recueillir neuf siliques à trois feuilles carpellaires et une seule à quatre. Les premières sont exactement trigones et à trois stigmates bien distincts; la valve supplémentaire est ordinairement l'externe. J'ai ouvert deux de ces fruits par une section transversale pour constater la disposition des cloisons et des graines. La silique est dans ce cas à trois loges séminifères; elle présente trois cloisons curieuses à étudier. Chaque carpelle a une cloison simple qui lui est propre et qui attachée à ses deux bords forme une courbe dont la convexité est tournée en dedans; ces trois cloisons sont réunies deux à deux au point de contact, restent séparées vers le centre où leurs cour-

---

(1) C'est plus spécialement sur les belles variétés de cette espèce que propage M. Vilmorin, que j'ai observé ces anomalies. Je n'en ai pas trouvé, au contraire, sur un plus grand nombre de grappes que j'ai recueillies sur les rochers et les vieilles murailles de l'antique forteresse de Liverdun. Bien que les monstruosités se rencontre aussi sur les plantes sauvages, elles sont, d'après mes observations, plus fréquentes sur les plantes cultivées.

bes circonscrivent une quatrième loge triangulaire vide, comme le représente la *Fig. 8*.

Le fruit du *Cheiranthus Cheiri L.* à quatre valves est tétragone et a quatre stigmates distincts. Les deux carpelles latéraux sont pourvus chacun d'une cloison très-convexe en dedans, de telle sorte que les deux cloisons se rapprochent beaucoup vers le centre du fruit, mais sans se souder, ni même se toucher, du moins dans le seul échantillon observé par moi et dont la coupe transversale est représentée *Fig. 9*. Ce fruit se trouve ainsi divisé en trois loges, les latérales parfaitement symétriques, l'antéro-postérieur très-dissemblable aux autres. Aux points d'insertion des cloisons aux placentas on voit deux rangs de graines, de sorte que les loges latérales en offrent chacune deux rangs et la loge antéro-postérieure en présente quatre.

J'ai rencontré aussi une silique d'*Erysimum cheiriflorum Wallr.* à quatre valves, à quatre cloisons réunies à angle droit au centre du fruit et le divisant en quatre loges symétriques.

Sur 7 à 8 pieds de *Brassica oleracea L.* (variété à feuilles rouges et crépues), que j'ai observés dans le jardin de M. Bretagne, Directeur des contributions directes, j'ai recueilli une vingtaine de siliques offrant plusieurs anomalies curieuses au point de vue de la conformation originelle du fruit et dont je vais décrire les principales.

1° Silique déprimée d'avant en arrière, longue de 0m,083, large de 9 millimètres et épaisse de 4 millimètres $\frac{1}{2}$, présentant quatre valves très-distinctes et séparées par des sillons; valves antérieure et postérieure s'insérant à la base du fruit un peu plus haut que les latérales ou normales, absolument comme les parties correspondantes du calice; stigmate entier (*Fig. 1*). A l'intérieur trois loges séparées par deux cloisons parallèles, planes, dirigées d'avant en arrière, ordinairement complètes, plus rarement fenétrées par une fente linéaire longitudinale; ces valves s'insérant en dedans des quatre sillons extérieurs qui séparent les valves et portent de chaque côté de leurs lignes d'insertion un rang de graines comme on le voit (*Fig. 2*). Il y a donc dans ce fruit quatre carpelles et nous retrouvons le type quaternaire des autres verticilles floraux.

2° Silique déprimée d'avant en arrière, à trois valves, la valve supplémentaire étant ordinairement antérieure (1). Ordinairement une seule cloison complète et antéro-postérieure, la seconde réduite à une saillie longitudinale, ondulée-crispée, large d'un millimètre; cette dernière cloison séparant deux rangées de graines

---

(1) J'ai trouvé aussi des fruits de *Chelidonium majus L.* var. *laciniatum* à 3 valves bien que dans ce genre la fleur soit construite d'après le système binaire; mais j'ai pu m'assurer qu'on ne trouve ces fruits à trois valves que dans les fleurs à 3 sépales et à 6 pétales. Ils ne sont pas très-rares.

(*Fig. 3*). Il peut aussi n'exister aucune cloison complète, mais trois demi-cloisons, de sorte que le fruit est alors uniloculaire (*Fig. 4*), comme dans les Pavots.

3° Fruit déprimé d'avant en arrière, à six valves, les latérales normalement développées, les quatre autres bien plus étroites et séparées l'une de l'autre par un sillon profond et occupant deux à deux les faces antérieure et postérieure du fruit (*Fig. 5*). A l'intérieur, deux cloisons complètes, parallèles et dirigées d'avant en arrière ; deux cloisons incomplètes ; celles-ci insérées entre les valves supplémentaires sur le plan médian du fruit (*Fig. 6*). Le fruit a donc trois loges, les latérales ont chacune deux rangs de graines, la médiane en a huit. J'ajouterai que les sillons médians qui en dehors séparent les valves supplémentaires s'étendent quelquefois sur la base du fruit et sur le style et que le stigmate est bifide au lieu d'être entier.

Cette anomalie m'a d'abord paru inexplicable, mais en recherchant avec soin et en visitant une à une les siliques des Choux sur lesquels j'avais recueilli mes premiers échantillons, j'ai observé un assez grand nombre d'exemples de deux fleurs naissant ensemble du même point de l'axe de l'inflorescence ; puis d'autres où les deux pédoncules sont soudés en partie ou en totalité ; mais cette soudure s'étend quelquefois aux siliques elles-mêmes et se prolonge plus ou moins haut. Je possède deux échantillons de ce genre ; dans l'un la soudure est complète pour le quart inférieur du fruit dans une étendue de 23 millimètres; dans l'autre elle atteint les quatre cinquièmes sur une longueur de 50 millimètres (*Fig. 7*). Or, dans la partie soudée il y a dédoublement des deux valves contiguës et cette portion du fruit est exactement conformée comme nos siliques à six valves. Celles-ci résultent donc d'une soudure de deux siliques, ce qu'indiquent du reste les deux sillons du pédoncule, de la base du fruit, du style et le stigmate bifide. J'ajouterai que la soudure des deux siliques a lieu par leurs parties similaires (1).

J'ai vu aussi des silicules de *Peltaria alliacea L.* à trois valves et, après Bernhardi, j'ai retrouvé des fruits à trois et à quatre valves sur le *Lunaria rediviva L.* Sur ces deux espèces les trois ou quatre valves sont très-concaves en dehors, ce qui donne à la silicule trois ou quatre ailes très-prononcées; les cloisons se réunissent au centre, mais sont quelquefois incomplètes.

---

(1) Lorsque, en 1864, j'ai trouvé cette monstruosité, la plante était en fruit et je n'ai pu alors observer les modifications produites, par la coalition de deux fleurs, sur les autres organes floraux. Le 9 mai 1865, au moment du tirage, je viens d'observer ces fleurs soudées. Leur calice est à 6 sépales dont 2 bossus à la base, placés latéralement; puis en avant et en arrière, 2 sépales géminés intercallés entre les précédents. La corolle a 6 pétales alternes avec les sépales. Il y a ordinairement 10 étamines dont 2 plus courtes, 4 longues en avant et 4 longues en arrière, ou, ce qui est plus fréquent, 5 en avant dont une courte et 5 longues en arrière. Les deux fleurs paraissent se rencontrer et se souder un peu obliquement.

Les quatre carpelles de ces fruits anormaux, alternent exactement avec le verticille interne d'étamines.
Or, habituellement il n'existe dans les Crucifères que
deux feuilles carpellaires ; elles sont latérales et opposées aux étamines courtes. Si, dans le plan primitif de
la fleur il en existe quatre comme nous le pensons, ce
sont les carpelles antérieur et postérieur qui font défaut et c'est toujours dans la même direction que s'ac-
complissent ces nouvelles suppressions. Cette circonstance et la réapparition des deux parties du verticille
carpellaire, qui manquent ordinairement, viennent confirmer cette manière de voir.

Je puis produire encore, à l'appui de cette opinion,
un autre fait qui me semble important. En 1845, j'ai
publié une notice (1) sur deux Crucifères à fleurs prolifères, le *Cardamine pratensis L.* sauvage, et l'*Hesperis matronalis L.* cultivé. Ces plantes m'ont présenté
dans leur fleur intérieure un calice formé de deux
sépales latéraux et portant assez souvent des ovules
sur leurs bords ; ces deux sépales ont donc pour origine la métamorphose de deux feuilles carpellaires en
sépales. J'ai retrouvé, cette année, sur un pied d'*Hesperis matronalis L.* cultivé, non-seulement le même

---

(1) Godron, *Description d'une monstruosité observée sur la
fleur de plusieurs Crucifères*, dans les *Mémoires de la Société
royale des sciences, lettres et arts de Nancy*, pour 1845, p. 59.

fait sur un certain nombre de fleurs, mais sur le
même pied, j'ai rencontré d'autres fleurs, dans lesquelles on voyait très-nettement à la fleur intérieure
entre les deux sépales ovulifères, en avant comme en
arrière, une partie calicinale de plus réduite à 2 millimètres de hauteur et de largeur et intercalée exactement à la place que devraient occuper les 2 sépales
manquants. Dans une dizaine d'autres fleurs, enfin,
nous avons vu ces 4 sépales complétement développés,
mais tantôt les latéraux étaient seuls ovulifères, tantôt
tous les 4 portaient également de nombreux ovules.
Nous avons donc pu suivre ici tous les degrés de l'a-
vortement des carpelles antérieur et postérieur transformés en sépales.

Nous ajouterons que sur ce même pied d'*Hesperis
matronalis L.* nous avons étudié aussi la fleur-mère,
qui nous a plusieurs fois présenté 12 pétales disposés
en trois verticilles et à peu près régulièrement alternes
entre eux; nous n'en avons jamais trouvé moins sur
aucune fleur-mère, mais quelquefois deux ou trois de
plus et l'ensemble présentait alors beaucoup moins de
régularité dans sa disposition.

Sur d'autres variétés de la même plante, mais à fleurs
bien plus doubles, ce qui les fait préférer comme plantes
d'ornement, nous avons pu reconnaître encore, malgré une transformation plus complète des organes,
qu'il existait trois fleurs superposées sur le même axe

floral et séparées les unes des autres par des intervalles assez courts où cet axe reste nu. Mais ici les sépales de la fleur-mère, de même que ceux de la seconde et de la troisième, sont plus ou moins transformés en pétales. Les mêmes faits se montrent aussi dans le *Barbarea vulgaris R. Brown* (1) et dans le *Cheiranthus Cheiri L.* à fleurs doubles. Dans le *Matthiola incana DC.* des jardins, on observe souvent des fleurs à pétales trop nombreux pour qu'il soit facile de juger leur conformation. Mais dans quelques échantillons semi-doubles, ce qui est rare, j'ai observé deux interruptions sur l'axe floral plus allongé que d'habitude, un second calice reconnaissable mais glabre et au sommet de nombreuses bractées d'un vert jaunâtre dont les intérieures donnaient naissance à plusieurs boutons floraux blancs-tomenteux. Nous croyons dès-lors pouvoir inférer de ces faits que c'est en devenant prolifères que les fleurs doublent dans la famille des Crucifères.

Nous constatons donc encore ici un nouvel avortement qui a lieu aussi dans le sens antéro-postérieur, et qui est dû, ce nous semble, à la même cause qui a produit tous les autres. Nous croyons pouvoir conclure encore que le type quaternaire se retrouve dans le fruit des Crucifères.

---

(1) Dans le *Barbarea vulgaris* à fleurs doubles, le réceptacle s'allonge successivement jusqu'à atteindre 15 millimètres de longueur.

Nous nous demandons, en outre, si l'aplatissement du fruit dans le sens antéro-postérieur chez les Crucifères à silicules angustiseptées, ne serait pas non plus l'effet de la même cause agissant d'une manière plus active? On m'objectera sans doute tout d'abord que dans les plantes de cette famille à silicules latiseptées, ces organes prennent dans le même sens un développement antéro-postérieur souvent considérable, par exemple dans les *Lunaria*, *Ricotia*, *Savignya*, etc. Mais nous ferons remarquer que dans ces genres, l'ovaire est encore étroitement linéaire pendant la floraison et qu'il se développe alors seulement qu'il est dégagé de toutes ses entraves.

Nous ajouterons à l'appui de notre supposition que, d'après les recherches organogéniques de Payer (1), des espèces à siliques latiseptées telles que les *Cheiranthus Cheiri L.*, *Synapis alba L.* et même *Tetrapoma barbareœfolium Turcz.* ont leur pistil comprimé plus ou moins d'avant en arrière dès l'époque de l'apparition de cet organe; que des exemples de fruits de Crucifères à 3 ou 4 valves n'ont été observés jusqu'ici que sur des siliques et silicules latiseptées; que toutes les Crucifères à silicules angustiseptées sont remarquables par le grand nombre de fleurs de l'inflorescence

____

(1) Payer, *Traité d'organogénie comparée de la fleur*, Paris, 1857, grand in-8°, pl. 44, ff. 9, 10, 11, 27, 34 et 35.

ou par le peu de développement de l'axe général qui les porte ; que, dans les *Iberis, Teesdalia, Æthionema* et *Lepidium* à grappe courte, les bords des silicules sont un peu courbés en dedans, comme si dans leur premier développement elles s'étaient moulées les unes sur les autres. Nous ferons enfin observer que, dans certaines silicules angustiseptées, la cloison gênée dans son développement en largeur forme quelquefois **deux** plis longitudinaux qui avoisinent ses bords et sont plus saillants à son sommet et surtout à sa base. C'est ce que j'ai vu distinctement dans beaucoup de silicules d'*Iberis sempervirens L.* (*Fig. 10*) et de *Lepidium propinquum Fisch.* et *Mey.* (*Fig. 11*). Dans cette dernière espèce lorsqu'une loge manque de graine, il n'y a qu'un seul pli de ce côté mais il est très-saillant (*Fig. 12*). Il est facile de constater en outre dans ces plantes que chaque moitié de la cloison est formée de deux membranes, distinctes au moins en partie dans ces espèces, mais habituellement soudées dans presque toutes les Crucifères.

Nous considérons dès lors comme probable que c'est encore à la même pression, mais un peu plus forte, qu'est dû l'aplatissement dans le sens antéro-postérieur des silicules angustiseptées. Nous livrons cette idée, qui paraîtra peut-être un peu hasardée, à l'appréciation des botanistes.

Nous déduisons de tous les faits exposés dans ce mémoire les conclusions suivantes :

1° Le type quaternaire avec deux rangs d'étamines à l'androcée constitue la symétrie primitive des Crucifères.

2° L'absence des bractées, l'aplatissement plus ou moins grand des pédoncules, la forme plus ou moins déprimée du bouton floral, la légère irrégularité du calice, l'absence de deux étamines au verticille externe de l'androcée et souvent des deux glandes sur lesquelles elles reposent, enfin l'avortement de deux feuilles carpellaires sont déterminés par une pression qui s'exerce de dedans en dehors sur les fleurs et les bractées des Crucifères ;

3° Cette pression est due à l'accumulation des fleurs qui se développent en grand nombre au sommet de l'inflorescence alors corymbiforme et se gênent mutuellement dans leur évolution, mais aussi à la résistance que présentent à cette expansion les feuilles accumulées qui entourent l'inflorescence à son origine.

EXPLICATION DES FIGURES.

Fig. 1. Silique de *Brassica oleracea L.* à 4 valves.

2. Coupe transversale de la même silique.

3. Coupe transversale d'une silique de *Brassica oleracea* à 3 valves avec une cloison complète et une incomplète.

4. Coupe transversale d'une autre silique du même *Brassica L.* à 3 valves, montrant 3 cloisons incomplètes.

5. Silique de *Brassica oleracea L.* à 6 valves, résultant de la soudure latérale complète de 2 siliques bivalves.

6. Coupe transversale de la silique précédente, montrant 2 cloisons complètes et 2 cloisons incomplètes.

7. Deux siliques de *Brassica oleracea L.* en partie soudées, en partie libres.

8. Coupe transversale d'une silique de *Cheiranthus Cheiri L.* à 3 valves.

9. Coupe transversale d'une silique de *Cheiranthus Cheiri L.* à 4 valves.

10. Coupe transversale d'une silicule normale d'*Iberis sempervirens L.*

11. Coupe transversale d'une silicule normale de *Lepidium propinquum Fisch.* et *Mey.* à 2 loges fertiles.

12. Coupe transversale d'une autre silicule de la même espèce avec l'une des deux loges stérile.

13. Diagramme d'une fleur triple de *Raphanus sativus L.*

(Extrait des Mémoires de l'Académie de Stanislas 1864.)

NANCY, imprimerie de Ve RAYBOIS, rue du faub. Stanislas, 5.